SITZUNGSBERICHTE DER SÄCHSISCHEN AKADEMIE
DER WISSENSCHAFTEN ZU LEIPZIG

Mathematisch-naturwissenschaftliche Klasse
Band 113 · Heft 6

FRIEDRICH WOLF
URSULA KOCH

ÜBER DEN EINFLUSS DER CHEMISCHEN STRUKTUR VON DISPERSIONSFARBSTOFFEN AUF DEREN DISPERSIONSSTABILITÄT

Mit 3 Abbildungen und 10 Tabellen

AKADEMIE-VERLAG · BERLIN
1979

Vorgelegt in der Sitzung vom 10. Februar 1978
Manuskript eingeliefert am 20. April 1978
Druckfertig erklärt am 14. Juni 1979

Erschienen im Akademie-Verlag, DDR-108 Berlin, Leipziger Straße 3—4

Lizenznummer: 202 · 100/477/80
Gesamtherstellung: VEB Druckhaus „Maxim Gorki“, 74 Altenburg
Bestellnummer: 762 728 1 (2027/113/6) · LSV 1215
Printed in GDR
EVP 3,50 M

ÜBER DEN EINFLUSS DER CHEMISCHEN STRUKTUR VON DISPERSIONSFARBSTOFFEN AUF DEREN DISPERSIONSSTABILITÄT

Einleitung

Etwa 60% aller Dispersionsfarbstoffe für synthetische Fasern sind Azofarbstoffe [1], überwiegend Monoazofarbstoffe. Die Diazokomponenten stellen zumeist p-Nitroanilinderivate dar.

Bei den Farbstoffen der allgemeinen Formel

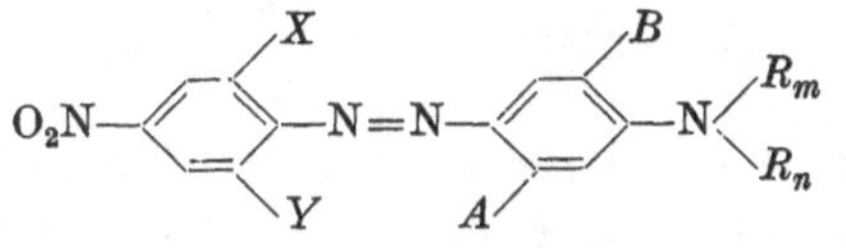

$X, Y = \underline{H}, \underline{Cl}, Br, \underline{CN}, NO_2, CH_3SO_2$

$A = \underline{H}, \underline{CH_3}, \underline{Cl}, NH\ Acyl$

$B = \underline{H}, CH_3O, C_2H_5O$

$R_m, R_n = \underline{H}, \underline{Alkyl}, \underline{CH_2CH_2CN}, \underline{CH_2CH_2OH}, \underline{CH_2CH_2OCOCH_3}$
$\underline{CH_2COO\ Alkyl}, \underline{CH_2CH_2O\ Alkyl}$

lassen sich durch Variation der Substituenten X, Y, A, B, R_m und R_n Farbnuancen von orange bis blau erzielen.

Die von uns untersuchten Modellfarbstoffe enthielten die unterstrichenen Substituenten. Die Substituenten R_m und R_n an der Aminogruppe rufen nicht nur leichte Farbtonverschiebungen hervor [2], sondern besitzen auch einen wesentlichen Einfluß auf die Echtheiten der Färbungen. So ist die β-Hydroxyalkylgruppe charakteristisch für Acetatseidenfarbstoffe, während für Polyesterfärbungen weniger hydrophile Reste, wie —CN, —O-Acyl oder COO-Alkyl, bessere Licht- und Sublimationsechtheiten bewirken.

Farbstoffe der obigen allgemeinen Formel müssen in der Färbeflotte fein dispergiert vorliegen, da sie nur eine äußerst geringe Löslichkeit im Wasser besitzen. Teilchen von etwa 1 μm Durchmesser oder darunter, wie sie färbetechnisch angestrebt werden, sind instabil und müssen durch Dispergatoren (sterisch) stabilisiert werden.

Die mittlere Teilchengröße und die Stabilität der Dispersionen, die den Färbeprozeß wesentlich beeinflussen, sind nach bisherigen Untersuchungen von der Art des Zerkleinerungsprozesses sowie von Art und Menge des Dispergators und von den Färbebedingungen abhängig [3]. In diesem Zusammenhang übt auch die Farbstoffstruktur einen erheblichen Einfluß auf die Dispergierbarkeit aus. Analoge Erfahrungen hatte man z. B. auch bei den Küpen- und Schwefelfarbstoffen gesammelt [4]. Systematisch wurde dieser Einfluß jedoch nicht betrachtet.

Weitgehende Untersuchungen zur Dispergierproblematik liegen aber auf dem Pigmentfarbstoffsektor vor [5—10].

Wir befaßten uns mit der Dispergierung von Dispersionsfarbstoffen. Um den Einfluß der jeweiligen Farbstoffstruktur zu erkennen, wurden die Art der Dispergierung sowie die Art und Menge des Dispergators weitgehend konstant gehalten.

Versuchsmaterialien

1. Folgende Farbstoffe wurden von uns entsprechend der üblichen Methoden [11] synthetisiert und als Modellfarbstoffe zwecks Dispergierung getestet:

Gruppe I:

$R_1 = CH_2CH_2OH, CH_2CH_2OCOCH_3,$
$CH_2CH_2OCH_2CH_2CN, CH_2CH_2CN,$
$CH_2COOC_2H_5$

Gruppe II:

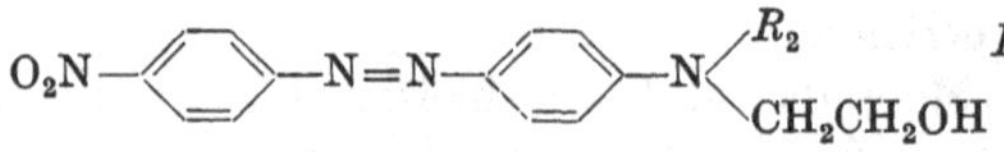

$R_2 = H, CH_2CH_2CN,$
CH_2-CH_2-OH, CH_3

Gruppe III:

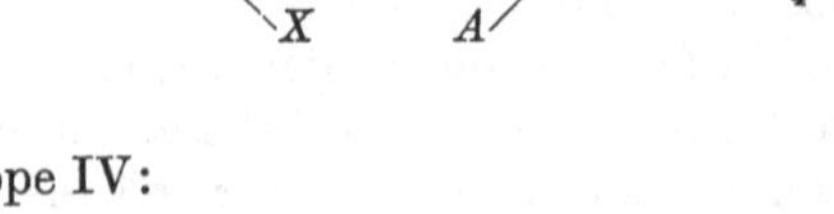

$X = H, CN$
$A = H$
$R_3 = CH_3, CH_2CH_2CN$
$R_4 = (CH_2CH_2O)_nH; n = 1-7,$
$(CH_2CH_2O)_nCOCH_3; n = 1-7$

Gruppe IV:

$X = H, CN$
$R_5 = CH_3, C_2H_5, C_4H_9$
$R_6 = C_2H_4-CN, CH_2CH_2O$
R_5, CH_3, C_2H_5

Gruppe V:

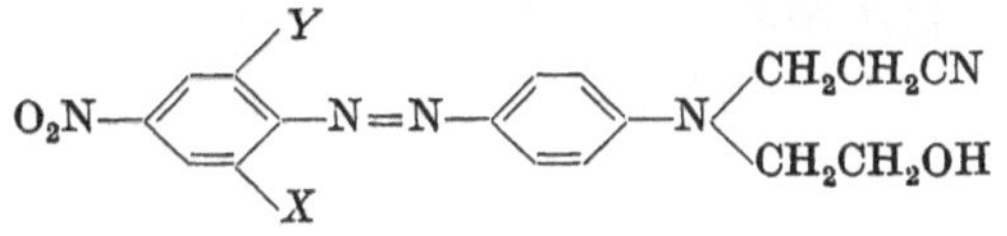

$X = H, Cl, CN$
$Y = H, Cl$

Gruppe VI:

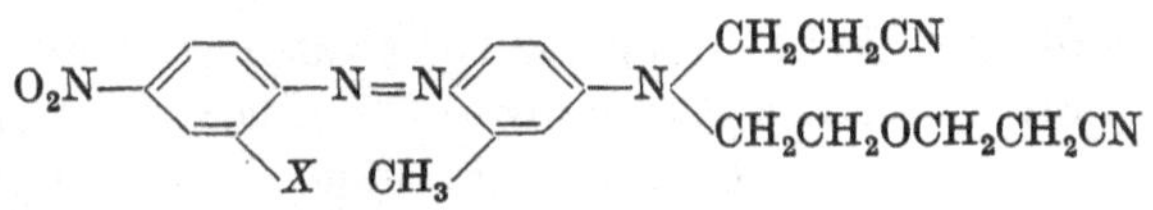

$X = H, Cl, CN$

Gruppe VII:

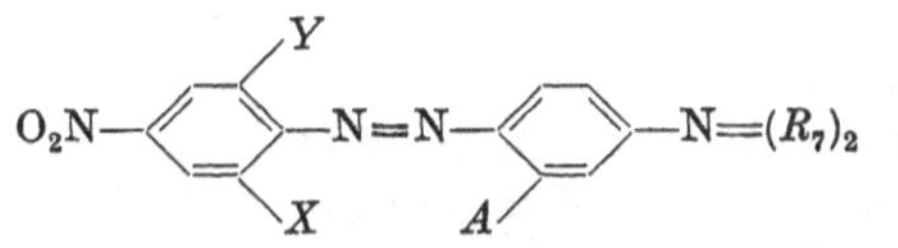

$X = H, Cl, CN$
$Y = H, Cl$
$R_7 = CH_2CH_2OH, CH_2CH_2OCOCH_3, CH_2CH_2OCH_2CH_2CN$
$A = CH_3, Cl$

2. Als Dispergatoren dienten folgende Produkte:

PVA 55/12 = Polyvinylalkohol mit einem K-Wert von 55 und 12% Acetatgruppen (VEB Chemische Werke Buna)

Protektol W = Ligninsulfonat (VEB Chemiekombinat Bitterfeld)

Wotamol WS = Kondensat aus Naphthalinsulfonsäure und Formaldehyd (VEB Chemiekombinat Bitterfeld)

Dispergator W II = Derivat von Wotamol WS (VEB Chemiekombinat Bitterfeld, Versuchsprodukt)

Dispergator SS = Kondensat aus Schäffersäure, Kresol und Formaldehyd (vom VEB Chemiekombinat Bitterfeld zur Verfügung gestellt)

Versuchsmethoden

Dispergierung: Zur Ausbildung eines möglichst engen Kornspektrums wurden die Dispersionen nach der Kondensationsmethode hergestellt [12]. 100 mg Farbstoff wurden in 5 ml Dimethylformamid (DMF) gelöst und unter konstantem Rühren ($U = 420\ \text{min}^{-1}$) in 50 ml wäßrige Dispergatorlösung gegossen. Nach 15minütigem Nachrühren wurden 10 ml Probe entnommen und auf 100 ml verdünnt.

Teilchengrößenanalyse: Die Teilchengrößenanalyse erfolgte mit Hilfe einer Scheibenzentrifuge 0 bzw. 24 Stunden nach Herstellung der Farbstoffdispersion. Aufbau und Arbeitsweise wurden früher ausführlich beschrieben [13].

Zur Charakterisierung der Dispersionsgüte dienten aus der Durchgangssummenverteilung die prozentualen Anteile der Teilchen $< 1\ \mu m$, zwischen $1-4\ \mu m$ und $> 4\ \mu m$.

Ergebnisse und Diskussion

Dispersionsfarbstoffe werden in Wasser dispergiert. Von den Pigmenten ist bekannt, daß sie sich in polaren Medien besser dispergieren lassen, wenn sie selbst polar sind [10]. Es war daher zu erwarten, daß mit Veränderung der Polarität der Farbstoffmoleküle, d. h. mit der Veränderung ihrer chemischen Struktur, die Dispergierbarkeit sich bei sonst konstant gehaltenen Bedingungen ändert. Bei der Dispergierung werden das als Lösungsmittel verwendete DMF und die im Wasser vorhandenen Dispergatoren bei der Adsorption an den entstandenen Farbstoffteilchenoberflächen miteinander konkurrieren. Es ist anzunehmen, daß anfangs das schneller diffundierende DMF bevorzugt adsorbiert wird. Bei Farbstoffen mit hydrophilen Gruppen, wie Hydroxyl- oder Äthoxygruppen, wird wahrscheinlich auch Wasser adsorbiert. Später werden dann die Lösungsmittelmoleküle von den langsamer diffundierenden, größeren Dispergatormolekülen partiell oder ganz verdrängt. Aus diesem Grunde ist eine Zeitabhängigkeit der Dispersionsstabilität zu erwarten.

Von wäßrigen Polymerdispersionen ist bekannt [14, 15], daß deren Stabilität verbessert wird, wenn die Teilchenoberfläche hydrophil ist, d. h. wenn sich an der Teilchenoberfläche chemische Gruppen befinden, die eine Hydrathülle ausbilden können. SCHWEIZER [16] erwähnt, daß die hydrophilen β-Hydroxyalkylgruppen in Farbstoffen für Acetatseide günstig für die Dispergierbarkeit sind.

Zur sterischen Stabilisierung von Teilchen mittels Adsorptionsschichten aus Tensiden oder Makromolekülen gibt u. a. VINCENT [17] eine umfassende Darstellung.

Die sterisch bedingte Abstoßung ist abhängig von der Dicke und Dichte der Adsorptionsschichten. Die Dispergatoren haften mit dem hydrophoben Teil an der hydrophoben Teilchenoberfläche. Die Wechselwirkung zwischen ihnen bestimmen nicht nur die Dispersionskräfte, sondern vor allem die Polarität beider Spezies. Aus diesem Grunde muß es für jeden Farbstoff spezifische Dispergatoren geben, die maximal wirken. Der hydrophile Teil des adsorbierten Dispergators ragt in das Dispersionsmedium und ist meist stark solvatisiert. Dadurch ist die HAMAKER-Konstante von Wasser und von der Adsorptionsschicht praktisch identisch, d. h. zwischen den Adsorptionsschichten findet nahezu keine Anziehung statt.

Da wir die Dispersionen über die gelöste Phase herstellen, sind für die

Teilchengröße und Kornspektrenbreite die Keimbildungskinetik und die Wachstumsgeschwindigkeit der Kristallite von Bedeutung. Adsorptionsschichten können das Kristallwachstum verzögern oder sogar verhindern. Voraussetzung ist, daß die Adsorptionsgeschwindigkeit größer als die Wachstumsgeschwindigkeit ist und eine starke Wechselwirkung zwischen Adsorptiv und Teilchen vorliegt. Bei breiten Kornspektren kommt es außerdem zum Anwachsen der großen Teilchen zu Ungunsten der kleineren durch die OSTWALD-Reifung.

Wir synthetisierten zunächst einfache, am Stickstoff monosubstituierte Farbstoffe (Gruppe I). Diese wurden mit drei verschiedenen Dispergatorkombinationen dispergiert. Die Ergebnisse zeigt Tab. 1. Die Reihenfolge in den Tabellenabschnitten ist so angeordnet, daß die Dispersionsstabilität in jeder Rubrik von oben nach unten zunimmt.

Im Falle der monosubstituierten Anilinfarbstoffe erweist sich als günstigster Substituent an der Aminogruppe der Propionitriläther einer β-Hydroxyäthylgruppe. Die β-Hydroxyäthylgruppe allein bewirkt eine relativ schlechte Dispergierung; ebenso die Propionitrilgruppe (außer beim III. Dispergator-

Tabelle 1

Abhängigkeit der Dispersionsgüte nach 24 Stunden vom Substituenten R_1 bei den Farbstoffen der Gruppe I

R_1	Dispergatorsystem	% < 1 µm	% 1–4 µm	% > 4 µm
CH_2CH_2CN	200 mg PVA 55/12		geflockt	
CH_2CH_2OH	+ 110 mg Protektol W/	7	73	20
$CH_2CH_2OCOCH_3$	50 ml H_2O	40	57	3
$CH_2COOC_2H_5$		66	32	2
$CH_2CH_2OCH_2CH_2CN$	I	83	15	2
CH_2CH_2CN	100 mg Dispergator SS		geflockt	
$CH_2COOC_2H_5$	+ 200 mg PVA 55/12/		geflockt	
CH_2CH_2OH	50 ml H_2O	4	46	50
$CH_2CH_2OCOCH_3$		40	57	3
$CH_2CH_2OCH_2CH_2CN$	II	92	6	2
$CH_2CH_2OCOCH_3$	100 mg Dispergator SS	4	46	50
CH_2CH_2OH	+ 100 mg Wotamol WS/	25	60	15
$CH_2COOC_2H_5$	50 ml H_2O	30	56	14
CH_2CH_2CN		50	46	4
$CH_2CH_2OCH_2CH_2CN$	III	87	11	2

system). Verestert man die Hydroxylgruppe mit Essigsäureanhydrid, so resultiert eine mittlere Dispersionsstabilität, wobei das III. Dispergatorsystem wiederum eine Ausnahme bildet. Die stärkste hydrophile Gruppe, die β-Hydroxyäthoxygruppe, zieht eine geringe Dispergierung nach sich. Es könnte sein, daß durch H-Brückenbindung ein relativ hydrophober Fünfring entsteht:

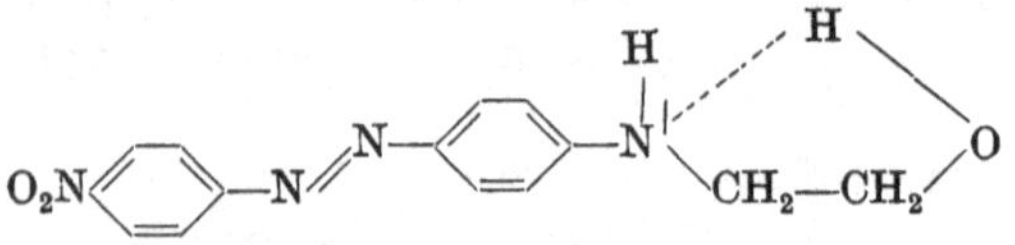

Im Kalottenmodell läßt sich dieser Fünfring leicht darstellen.

Substituiert man das Proton am N-Atom durch die β-Hydroxyäthylgruppe (Gruppe II, Tab. 2), so steigt die Dispergierbarkeit mit $R_2 = CH_2-CH_2-CN$ und CH_2-CH_2-OH deutlich an im Vergleich zu den entsprechenden Substituenten R_1 (Tab. 1). Die Hydrophilie der Hydroxygruppe wird hier offenbar voll wirksam. Nur im III. Dispergatorsystem tritt bei $R_2 = CH_2-CH_2-CN$ eine Dispersionsverschlechterung ein.

Wenn die Hydrophilie des Farbstoffmoleküls der wesentliche Faktor für die Dispersionsstabilität wäre, so müßte eine längere Äthylenglykolätherkette an der Aminogruppe sich günstig auswirken (Farbstoffgruppe III). Wird im gut dispergierbaren Farbstoff (Tab. 2) mit $R_2 = CH_3 = R_3$ die β-Hydroxyäthyl-

Tabelle 2

Abhängigkeit der Dispersionsgüte nach 24 Stunden vom Substituenten R_2 bei den Farbstoffen der Gruppe II

R_2	Dispergatorsystem	% < 1 µm	% 1—4 µm	% > 4 µm
H	200 mg PVA 55/12 + 110 mg	7	73	20
CH_2CH_2CN	Protektol W/50 m*l* H_2O	30	62	8
CH_2CH_2OH		61	35	4
CH_3		65	35	0
H	200 mg PVA 55/12 + 100 mg	4	46	50
CH_2CH_2CN	Dispergator SS/50 m*l* H_2O	23	43	34
CH_3		48	41	11
CH_2CH_2OH		67	31	2
H	100 mg Dispergator SS + 100 mg	25	60	15
CH_2CH_2CN	Wotamol WS/50 m*l* H_2O	30	50	20
CH_3		35	62	3
CH_2CH_2OH		63	35	2

gruppe um weitere Äthylenoxideinheiten verlängert, so erreicht die Dispersionsstabilität nach 24 Stunden im Dispergatorsystem PVA 55/12 + Protektol W ein Maximum bei 2 Äthylenoxideinheiten (Abb. 1). Bei weiterem Anwachsen der Ätherkette vergröbern sich die Teilchen, der Anteil zwischen 1—4 μm nimmt stark zu, dagegen weniger stark der Anteil der Teilchen über 4 μm. Eine Verlängerung der Äthylenoxidkette über $n = 7$ hinaus erscheint nicht sinnvoll, da die Dispersionswerte jeweils einem Grenzwert zustreben. Die Vergrößerung der Teilchen könnte auf der stärkeren Solubilisierung der Farbstoffe beruhen, wodurch die OSTWALD-Reifung begünstigt wird. Ohne einen Dispergatorzusatz wird zwar die Solubilisierung vermieden, aber die Farbstoffe flocken beim Dispergieren aus.

Günstiger wirkt sich eine längere Ätherkette aus, wenn $R_3 = CH_2CH_2CN$ ist (Abb. 2). Im Dispergatorsystem PVA 55/12 + Protektol W steigt die Dispergierbarkeit (nach 24 Stunden gemessen) bis $n = 4$ kontinuierlich an. Bei $n = 5$ stabilisiert sich der Farbstoff selbst. Ohne Dispergator liegen dann 93% der Teilchen unter 1 μm, die restlichen 7% zwischen 1—4 μm. In Gegenwart eines Dispergators ist das Ergebnis schlechter. In diesem Fall bewirkt ausschließlich die Solvatation der Teilchenoberfläche die Dispersionsstabilität. Bei teilweiser Solvatverdrängung durch Dispergatormoleküle werden die Teilchen durch die schwach adsorbierten Dispergatormoleküle partiell verbrückt und damit größer.

Bei gleichbleibenden Substituenten R_3 und R_4 ist dieses Ergebnis auf Farbstoffe mit anderen Substituenten X und A nur qualitativ übertragbar. Bei $X = CN$ und $A = CH_3$ (Abb. 3) steigt zwar der Anteil der Teilchen < 1 μm kontinuierlich an mit länger werdenden Äthylenglykolätherketten. Der Grobanteil über 4 μm bleibt jedoch relativ hoch. Eine ausreichende Selbststabilisierung konnte nicht erzielt werden.

Die Dispersionsstabilität der Farbstoffgruppe III konnte häufig durch Acetylierung der endständigen Hydroxylgruppe positiv beeinflußt werden. Der Farbstoff

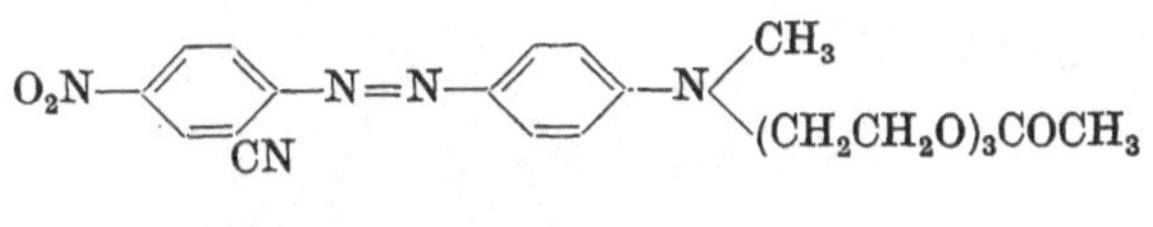

ergibt mit dem Dispergatorsystem PVA 55/12 + Protektol W 100% Teilchen < 1 μm. Ohne Dispergator liegen 93% unter 1 μm. Die restlichen 7% sind 1—4 μm groß.

Acetyliert man die Glykolätherfarbstoffe gemäß Abb. 1, so liegen bis $n = 5$ die Anteile der Teilchen < 1 μm meist höher als beim ursprünglichen Farbstoff (Tab. 3). Die Hydrophilie des Farbstoffes allein kann demnach nicht für die Dispersionsstabilität verantwortlich sein.

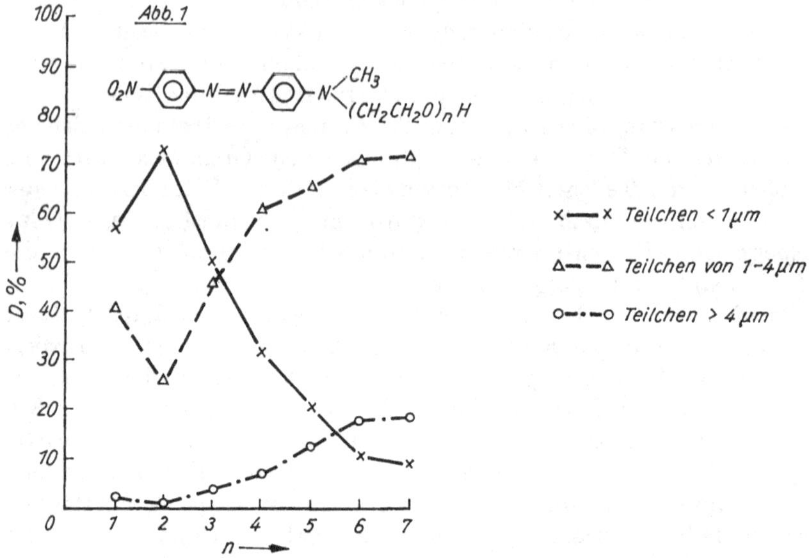

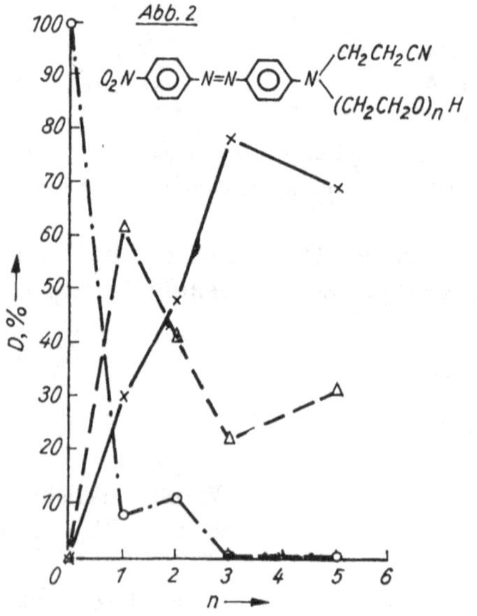

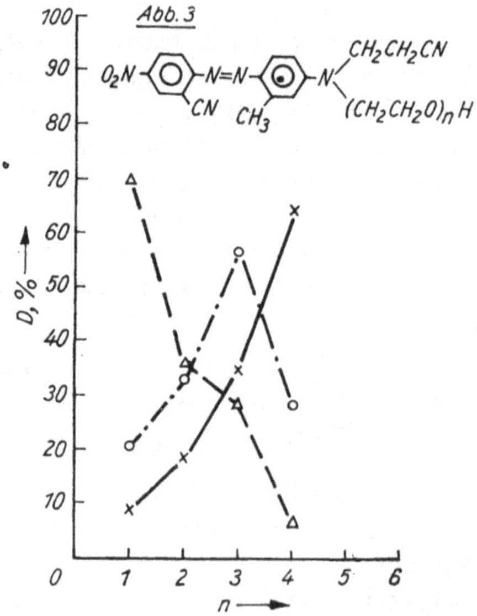

Abb. 1—3. Abhängigkeit der Dispersionsgüte von der Anzahl der Äthoxygruppen (200 mg PVA 55/12 + 110 mg Protektol W/50 ml Wasser; 24 Stunden)

Tabelle 3

Vergleich der Dispersionsgüte der Farbstoffe Gruppe II vor und nach der Acetylierung (PVA 55/12 + Protektol W, nach 24 Stunden gemessen)

n	% < 1 µm, nicht acetyliert	% < 1 µm, acetyliert
1	57	70
2	72,5	solubilisiert
3	50	46
4	32	61
5	21	75
6	11	13
7	9	6

Tabelle 4

Dispersionsstabilität von Farbstoffen der Gruppe IV ohne Zugabe eines Dispergators

X	R_5	R_6	nach 0 Std.		nach 24 Std.	
			% < 1 µm	% > 4 µm	% < 1 µm	% > 4 µm
CN	C_2H_5	$C_2H_4OC_2H_5$	97,7	0	0,4	91,7
CN	$C_2H_4OC_2H_5$		98,7	0	100,0	0
CN	CH_3	$C_2H_4O-n-C_4H_9$	100,0	0	100,0	0
CN	C_2H_5	$C_2H_4O-n-C_4H_9$	99,5	0	100,0	0

Die Farbstoffe mit einfachen Äthergruppen (Gruppe IV) lassen sich im Durchschnitt gut dispergieren. Einige von ihnen geben bereits durch reine Solvatationseffekte sehr gute Dispersionen. 75% davon sind 24 Stunden beständig (Tab. 4).

Bei Verwendung der Dispergatoren PVA 55/12 + Protektol W bzw. Dispergator SS kann man deutlich erkennen, daß es keinen Farbstoffsubstituenten gibt, der zuverlässig eine sehr gute Dispersion garantiert (Tab. 5 und 6). Statistisch gesehen sind eine Butoxyäthyl- und Äthoxyäthyläthergruppe an der Aminogruppe günstig sowie eine Cyanogruppe in der Diazokomponente. Ausgesprochen ungünstig wirkt sich die Kombination X = CN und R_6 = C_2H_4CN aus. Die Dispersionsgüte ist abhängig von den Eigenschaften des Gesamtmoleküls. Die Einzelsubstituenten leisten nur einen Teilbeitrag dazu.

Auf Grund der Zusammenstöße durch BROWNsche Molekularbewegung verringert sich mit der Zeit die Teilchenzahl einer Dispersion [18], und die Teilchendurchmesser nehmen zu.

Tabelle 5

Dispersionsstabilität der Farbstoffe Gruppe IV mit 50 mg Dispergator SS/50 m*l* H_2O

X	R_5	R_6	nach 0 Std. % < 1 μm	nach 0 Std. % > 4 μm	nach 24 Std. % < 1 μm	nach 24 Std. % > 4 μm
H	CH_3	$C_2H_4OCH_3$	55,3	19,9	55,2	19,9
CN	CH_3		64,5	13,0	2,3	53,0
H	C_2H_5		41,5	45,0	35,5	38,5
CN	C_2H_5		99,6	0	99,6	0
H	C_2H_4CN		59,5	18,7	56,5	14,5
CN	C_2H_4CN		22,5	39,0	17,5	31,5
H	$C_2H_4OCH_3$		48,5	22,5	51,3	21,5
CN	$C_2H_4OCH_3$		82,8	7,8	68,5	3,2
H	CH_3	$C_2H_4OC_2H_5$	65,0	15,0	61,8	11,0
CN	CH_3		22,0	13,8	12,5	14,8
H	C_2H_5		92,8	2,0	76,2	11,8
CN	C_2H_5		87,5	6,5	57,8	18,2
H	C_2H_4CN		74,0	10,8	62,0	27,0
CN	C_2H_4CN		18,0	17,8	5,0	16,0
H	$C_2H_4OC_2H_5$		27,5	42,3	22,5	33,7
CN	$C_2H_4OC_2H_5$		68,0	30,3	95,5	1,5
H	CH_3	$C_2H_4O\text{-}n\text{-}C_4H_9$	57,5	28,7	77,7	11,9
CN	CH_3		94,3	4,5	99,0	0
H	C_2H_5		57,2	28,7	35,0	19,0
CN	C_2H_5		99,4	0	99,7	0
H	C_2H_4CN		71,2	22,0	90,5	4,2
CN	C_2H_4CN		52,2	31,4	2,5	91,0

Nach SMOLUCHOWSKI gilt:

$$-\frac{dN}{dt} = k \cdot N_0^2$$

k = Geschwindigkeitskonstante
N_0 = Teilchenzahl zum Zeitpunkt $t = 0$
N = Teilchenzahl zum Zeitpunkt t

Aus Tab. 5 und 6 ist zu erkennen, daß dies für die Teilchen < 1 μm in den meisten Fällen zutrifft. Besonders drastisch ist die Teilchenvergröberung bei einigen Farbstoffen mit X = CN, obwohl andere Farbstoffe mit X = CN sich gerade selbst stabilisieren. Gelegentlich wird in Abhängigkeit von der Zeit eine

Tabelle 6

Dispersionsstabilität der Farbstoffe Gruppe IV
mit 200 mg PVA 55/12 + 110 mg Protektol W/50 *ml* H_2O

X	R_5	R_6	nach 0 Stunden $\% < 1\,\mu m$	nach 0 Stunden $\% > 4\,\mu m$	nach 24 Stunden $\% < 1\,\mu m$	nach 24 Stunden $\% > 4\,\mu m$
H	CH_3	$C_2H_4OCH_3$	47,5	23,5	59,5	13,8
CN	CH_3	$C_2H_4OCH_3$	39,0	22,5	4,7	38,5
H	C_2H_5	$C_2H_4OCH_3$	76,2	4,5	83,2	0,5
CN	C_2H_5	$C_2H_4OCH_3$	60,0	15,5	62,8	14,5
H	C_2H_4CN	$C_2H_4OCH_3$	30,0	26,0	45,0	13,0
CN	C_2H_4CN	$C_2H_4OCH_3$	15,8	52,3	5,3	47,5
H	$C_2H_4OCH_3$	$C_2H_4OCH_3$	73,0	8,8	68,8	10,0
CN	$C_2H_4OCH_3$	$C_2H_4OCH_3$	71,5	8,2	35,0	7,5
H	CH_3	$C_2H_4OC_2H_5$	76,2	4,6	83,3	0,5
CN	CH_3	$C_2H_4OC_2H_5$	17,0	45,0	15,5	22,5
H	C_2H_5	$C_2H_4OC_2H_5$	85,7	8,0	74,0	11,5
CN	C_2H_5	$C_2H_4OC_2H_5$	98,4	0,8	93,2	1,5
H	C_2H_4CN	$C_2H_4OC_2H_5$	50,5	21,5	57,0	19,5
CN	C_2H_4CN	$C_2H_4OC_2H_5$	42,8	11,0	27,0	13,0
H	$C_2H_4OCH_3$	$C_2H_4OC_2H_5$	65,0	15,0	4,7	25,5
CN	$C_2H_4OCH_3$	$C_2H_4OC_2H_5$	95,5	3,5	99,4	0
H	CH_3	C_2H_4O-*n*-C_4H_9	44,5	41,0	13,8	55,0
CN	CH_3	C_2H_4O-*n*-C_4H_9	97,0	1,6	98,4	1,6
H	C_2H_5	C_2H_4O-*n*-C_4H_9	87,5	6,0	70,5	4,5
CN	C_2H_5	C_2H_4O-*n*-C_4H_9	83,0	14,2	100,0	0
H	C_2H_4CN	C_2H_4O-*n*-C_4H_9	66,0	27,0	78,5	13,3
CN	C_2H_4CN	C_2H_4O-*n*-C_4H_9	75,0	19,5	9,5	71,5

Teilchenverkleinerung oder wenigstens eine Abnahme der Teilchen $> 4\,\mu m$ beobachtet. Die Ursache ist in der Kinetik von Adsorptionseffekten zu suchen. Die Solvatmoleküle werden von der Partikeloberfläche durch die langsamer diffundierenden Dispergatormoleküle verdrängt. Lockere Agglomerate können durch das Eindringen von Dispergatormolekülen in Spalten zu kleineren Teilchen abgebaut werden. Besonders auffallend in dieser Hinsicht ist die Wirkung des Systems PVA 55/12 + Protektol W. Dies deutet auf einen besonderen Effekt des PVA hin.

Von beträchtlichem Einfluß auf die Dispersionsgüte sind bei konstant gehaltenen Substituenten *R* an der Aminogruppe die Substituenten in 2- und 6-Stellung der Diazokomponente (Gruppe V, Tab. 7). Bei den Farbstoffen der

Tabelle 7

Abhängigkeit der Dispersionsgüte von den Substituenten in der Diazokomponente bei den Farbstoffen der Gruppe V nach 24 Stunden

X	*Y*	Dispergator	% < 1 µm	% 1–4 µm	% > 4 µm
H	H	200 mg PVA 55/12 + 110 mg	30	62	8
H	Cl	Protektol W/50 m*l* H_2O	51	35	14
H	CN		83	13	4
Cl	Cl		95	3	2
H	H	200 mg PVA 55/12 + 100 mg	23	43	34
H	Cl	Dispergator SS/50 m*l* H_2O	61	29	10
H	CN		76	19	5
Cl	Cl		94	4	2
H	H	100 mg Dispergator SS	30	50	20
H	Cl	+ 100 mg Wotamol WS/	72	17	11
H	CN	50 m*l* H_2O		solubilisiert	
Cl	Cl		93	5	2

Tabelle 8

Abhängigkeit der Dispersionsgüte von den Substituenten in der Diazokomponente bei den Farbstoffen der Gruppe VI nach 24 Stunden

X	Dispergator	% < 1 µm	% 1–4 µm	% > 4 µm
H	200 mg PVA 55/12 + 110 mg	2,0	16	82
Cl	Protektol W/50 m*l* H_2O	32,5	52,5	15
CN		75	10	15
H	200 mg PVA 55/12 + 100 mg	2,5	60	37,5
Cl	WII/50 m*l* H_2O	10	75,5	14,5
CN		66,8	9,5	24
H		2,5	19,2	78,3
Cl	110 mg Protektol W/50 m*l* H_2O	5,3	82,4	12,3
CN		48,5	5,1	46,4
H		1,2	17,3	81,5
Cl	100 mg WII/50 m*l* H_2O	9	79	12
CN		57	11	32
H		23	43,8	33,2
Cl	200 mg PVA 55/12/50 m*l* H_2O	3	38	59
CN		7,4	64,2	28,4

Gruppe V verbessern diese Substituenten in jedem Falle die Dispersionsgüte, wobei bei Monosubstitution eine Nitrilgruppe günstiger wirkt als ein Chloratom. Dies gilt unabhängig vom Dispergatorsystem. Durch Disubstitution erfährt die Dispergierbarkeit eine weitere Steigerung.

Diese Regel gilt auch dann, wenn die Äthoxygruppe an der Aminogruppe mit der Propionitrilgruppe veräthert wurde und der Substituent $A = CH_3$ ist (Tab. 8), (Gruppe VI).

Daraus erkennt man, daß die Polarität des Gesamtmoleküls von wesentlicher Bedeutung ist für die Dispersionsgüte. Bei disubstituierten Farbstoffmolekülen kommen noch sterische Effekte dazu. Im Farbstoffmolekül mit 2 zur Azogruppe orthoständigen Chloratomen in einem Ringsystem ist letzteres etwas aus der planaren Lage herausgedreht. Eventuell ist dadurch die Kristallisationstendenz behindert. Auffallend ist, daß PVA 55/12 als alleiniger Stabilisator den unsubstituierten Farbstoff am besten dispergiert. Das Chloratom bewirkt hier die schlechteste Dispersionsgüte. Dies deutet darauf hin, daß überwiegend die Tenside mit der Teilchenoberfläche in Wechselwirkung treten. Ihre Wirkung wird vom Polymeren im Falle von $X = Cl$ bzw. CN verstärkt.

Ein völlig anderes Bild ergibt sich, wenn die beiden Substituenten R an der Aminogruppe symmetrisch sind (Farbstoffgruppe VII, Tab. 9). Obige Regel bezüglich des Substituenteneinflusses auf die Dispersionsgüte: Cl, Cl > CN, H > Cl, H > H, H gilt dann nur noch für $R_7 = C_2H_4OH$ und $A = Cl$, wenn das Dispergatorsystem PVA 55/12 + Protektol W benutzt wird. Ein Wechsel des Dispergators verursacht deutliche Verschiebungen (Tab. 10). Bei Verwendung von 110 mg Protektol/50 ml Wasser lautet die Abstufung hinsichtlich des Substituenteneinflusses: Cl, Cl > Cl, H > CN, H > H, H; bei 200 mg PVA 55/12/50 ml Wasser: Cl, Cl > Cl, H > CN, H > H, H und bei 100 mg Wotamol WS/50 ml Wasser: H, Cl > Cl, Cl > CN, H > H, H.

Ist $A = CH_3$, so wirkt sich eine Substitution an der Diazokomponente in jedem der geprüften Dispergatorsysteme negativ aus (Tab. 9 und 10). Ausgenommen davon sind die acetylierten Farbstoffe. Mit dem Dispergatorsystem PVA 55/12 + Protektol W gilt hier die Regel: CN, H > Cl, H > Cl, Cl > H, H.

Betrachtet man die verschiedenen Substituenten R_7, so kann man feststellen (Tab. 9), daß sich die hydrophilen bis-äthoxylierten Farbstoffe am besten und die bis-äthoxyacetyl-Farbstoffe gut dispergieren lassen. Völlig unzureichend ist dagegen die Dispergierbarkeit der hydrophoberen Bispropionitriläther, die als Einzelsubstituenten in unsymmetrisch gebauten Farbstoffen gerade zu den besten Dispersionsresultaten geführt haben (Tab. 1). Die Bisalkyläther-Farbstoffe sind dagegen wieder gut dispergierbar (Tab. 6).

Tabelle 9

Abhängigkeit der Dispersionsgüte nach 24 Stunden vom Substituenten R_7 der Farbstoffgruppe VII
(Dispergator: 200 mg PVA 55/12 + 110 mg Protektol W/50 m*l* Wasser)

R_7			C_2H_4OH			$C_2H_4OC_2H_4CN$			$C_2H_4OCOCH_3$		
X	*Y*	*A*	% < 1 µm	% 1–4 µm	% > 4 µm	% < 1 µm	% 1–4 µm	% > 4 µm	% < 1 µm	% 1–4 µm	% > 4 µm
H	H	CH_3	69	26	5	20	55	25	38	32,5	39,5
CN	H	CH_3	31,5	63,5	5	8,5	80,5	11	72	28	0
Cl	H	CH_3	67	29,5	3,5	14,5	31	54,5	47	50	3
Cl	Cl	CH_3	7,5	78,5	14	5,0	49	46	47	28	25
H	H	Cl	17	72	11	25	50	25	9	84	7
CN	H	Cl	69,5	28,5	2,0	75	23	2	73	24	3
Cl	H	Cl	67	30,0	3,0	3	22	75	43	40,5	16,5
Cl	Cl	Cl	80	17,5	2,5	1	4,5	94,5	7,5	66	26,5

Tabelle 10

Dispersionsgüte der Farbstoffgruppe VII in Abhängigkeit vom Dispergatorsystem nach 24 Stunden

Dispergator	*X*	*Y*	*A*	% < 1 µm	% 1–4 µm	% > 4 µm
110 mg Protektol W/50 ml H_2O	H	H	CH_3	46,3	38	15,4
	CN	H	CH_3	3	48,8	48,2
	Cl	H	CH_3	17,8	49,2	33
	Cl	Cl	CH_3	12,8	65,4	21,8
	H	H	Cl	3,1	33,9	63
	CN	H	Cl	3,9	34,4	61,7
	Cl	H	Cl	8,2	14,3	77,5
	Cl	Cl	Cl	61	26,3	12,7
200 mg PVA 55/12/50 ml H_2O	H	H	CH_3	48,5	29,3	22,2
	CN	H	CH_3	5	75,2	19,8
	Cl	H	CH_3	16,3	40,2	43,5
	Cl	Cl	CH_3	39,1	24,7	36,2
	H	H	Cl	2,5	68,5	29
	CN	H	Cl	5	79,9	15,1
	Cl	H	Cl	24,3	45,2	30,5
	Cl	Cl	Cl	50	32	18
100 mg Wotamol WS/50 ml H_2O	H	H	CH_3	42,5	40,8	16,7
	CN	H	CH_3	12	68	20
	Cl	H	CH_3	28	51	21
	Cl	Cl	CH_3	4,5	35	60,5
	H	H	Cl	0,5	19,5	80
	CN	H	Cl	12,5	69,7	17,8
	Cl	H	Cl	47,6	41,4	11
	Cl	Cl	Cl	14	72,5	13,5

Zusammenfassung

Die vorliegenden Ergebnisse zur Dispersionsstabilität von Dispersionsfarbstoffen zeigen deutlich, daß die Farbstoffstruktur einen erheblichen Einfluß auf die Dispergierbarkeit besitzt. Es lassen sich jedoch auf Grund der chemischen Struktur der Farbstoffe keine allgemeingültigen Zusammenhänge im Hinblick auf die Dispersionsstabilität ableiten.

Es ist daher das Ziel unserer weiteren Untersuchungen, Relationen zwischen den physikalisch-chemischen Eigenschaften sowohl der Farbstoffpartikel als auch der Dispergatorlösung aufzuzeigen. Dabei kann die Farbstoffstruktur einen Einflußparameter darstellen.

LITERATUR

[1] ULLMANN, „*Encyklopädie der Technischen Chemie*“, 4. Aufl., Bd. 10, S. 155, Verlag Chemie, Weinheim, 1975

[2] C. MULLER, Amer. Dyestuff Reporter, März 1970, S. 37–44

[3] H. LEUBE, H. UHRIG, Textilveredlung **9** (1974), 97–106
P. RICHTER, Chemiefasern/Textilind. **22/74** (1972), 296
P. RICHTER, M. VESCIA, Mell. Textilber. **46** (1965), 621

[4] G. LEHMANN, mündl. Mitteilung

[5] J. E. GLASS, J. Oil Col. Chem. Assoc. **58** (1975), 169–77

[6] U. KALUZA, J. Oil. Col. Chem. Assoc. **57** (1974), 368–81

[7] O. HAFNER, J. Oil. Col. Chem. Assoc. **57** (1974), 268–73

[8] L. GALL, U. KALUZA, Dt. Farbenz. (Stuttgart) **29** (1975), 102–16

[9] H. PALKE, Farbe, Lack **72** (1966), 747–58

[10] U. KALUZA, Dt. Farbenz. (Stuttgart) **30** (1976), 260–2

[11] HOUBEN-WEYL, „*Methoden der organischen Chemie*“, Bd. 10/3, S. 1ff., Georg Thieme-Verl. Stuttgart 1965

[12] F. WOLF, U. KOCH, W. HOMEISTER, Mell. Textilber. 52 (1971), 456–9

[13] W. HOMEISTER, Dissertation Halle (1969)

[14] R. H. OTTEWILL, Progr. Coll. Polym. Sci. **59** (1976), 14–26

[15] H. SCHULLER, Progr. Coll. Polym. Sci. **59** (1976), 41–47

[16] H. R. SCHWEIZER, „*Künstliche Organische Farbstoffe und ihre Zwischenprodukte*“, Springer-Verlag, Berlin–Göttingen–Heidelberg 1964, S. 431

[17] B. VINCENT, Adv. Coll. Interf. Sci. **4** (1974), 193–277

[18] M. v. SMOLUCHOWSKI, Z. phys. Chem. **92** (1917), 129

SITZUNGSBERICHTE DER SÄCHSISCHEN AKADEMIE DER WISSENSCHAFTEN ZU LEIPZIG

MATHEMATISCH-NATURWISSENSCHAFTLICHE KLASSE

Band 107

Heft 1 Prof. Dr. OTT-HEINRICH KELLER, Die Homologiegruppen der Flächen 3. Ordnung
1965. 15 Seiten – 8° – M 2,30

Heft 2 Prof. Dr. FRANZ RUNGE, Grignard und die nach ihm benannte Synthese
1966. 17 Seiten – 3 Abbildungen – 8° – M 2,30

Heft 3 Prof. Dr. KARL SCHMALFUSS, Zur Kenntnis der Bodenbildung
1966. 13 Seiten – 4 Tabellen – 8° – M 1,40

Heft 4 Dr. BODO RENSCHUCH, Verallgemeinerungen des Bezoutschen Satzes
1966. 41 Seiten – 8° – M 4,50

Heft 5 Prof. Dr. med. ROLF EMMRICH, Realität und Theorie des Alterns
1966. 20 Seiten – 9 Abbildungen – 8° – M 2,60

Heft 6 Prof. Dr. WILHELM MAIER, Nichteuklidische Volumina
1967. 20 Seiten – 16 Abbildungen – 8° – M 2,80

Heft 7 Dr. LOTHAR VON WOLFERSDORF, Zur Berechnung optimaler Strategien für Spiele über dem Einheitsquadrat mit an der Hauptdiagonalen unstetigen Auszahlungsfunktionen
1968. 53 Seiten – 8° – M 5,70

Band 108

Heft 1 Prof. Dr. PAUL GÖRLICH / Dipl. Phys. DETLEF GÜLDNER / Dr. HANS-JOACHIM POHL, „Elektronische Spektralmessung“ mit steuerbaren Photovervielfachern
1967. 12 Seiten – 9 Abbildungen – 1 Tabelle – 8° – M 2,10

Heft 2 Prof. Dr. MANFRED GERSCH, Neuroendokrinologie der Insekten
1968. 33 Seiten – 12 Abbildungen – 1 Kunstdrucktafel – 8° – M 4,–

Heft 3 Prof. Dr. HASSO ESSBACH, Die Bedeutung der Morphologie in der Heilkunde
1968. 16 Seiten – 1 Textabb. – 13 Abbildungen auf 8 Kunstdrucktafeln, davon 11 vierfarbig – 8° – M 12,80

Heft 4 Prof. Dr. OTT-HEINRICH KELLER, Über eine Definition von S. Lefschetz in der topologischen Schnitttheorie
1969. 29 Seiten – 1 Abbildung – 8° – M 4,20

Heft 5 Prof. Dr. WOLFGANG TUTSCHKE, Das Reziprozitätstheorem für eine Klasse pseudoholomorpher Funktionen mehrerer komplexer Variabler
1969. 19 Seiten – 8° – M 3,30

Heft 6 Prof. Dr. WALTER BREDNOW, Von Lavater zu Darwin
1969. 31 Seiten – 14 Abbildungen im Anhang – 8° – M 5,50

Heft 7 Prof. Dr. FRANZ RUNGE, Organische Disulfimide in Wissenschaft und Technik
1970. 24 Seiten – 2 Abbildungen – 8° – M 3,60

Band 109

Heft 1 Prof. Dr. ERICH RAMMLER, Über die Theorien der Braunkohlenbrikettentstehung
1970. 38 Seiten – 13 Abb., davon 2 auf 2 Tafeln – 8° – M 4,–

Heft 2 Prof. Dr. WOLFGANG TUTSCHKE, Stammfunktionen komplexwertiger Funktionen
1970. 20 Seiten – 8° – M 3,70

Heft 3 Dr. habil. GÜNTHER EISENREICH, Zur Syzygientheorie und Theorie des inversen Systems perfekter Ideale und Vektormodule in Polynomringen und Stellenringen
1970. 88 Seiten – 8° – M 10,80

Heft 4 Prof Dr. med. ROLF EMMRICH, Hochdruck und Hyperlipidämie (Hypercholesterinämie) als Risikofaktoren für die Entstehung der Arteriosklerosen
1971 23 Seiten – 10 Abbildungen – 4 Tabellen – 8° – M 3,90

Heft 5 Prof Dr HANS DRISCHEL, Biologische Rhythmen
1972. 57 Seiten – 31 Abbildungen – 1 Tabelle – 8° – M 6,60

Heft 6 Prof. Dr.-Ing. Dr h. c. KURT SCHWABE, Konzentrierte Elektrolytlösungen – Thermodynamische und kinetische Eigenschaften 1972. 49 Seiten – 27 Abbildungen – 2 Tabellen – 8° – M 7,50

Heft 7 Prof. Dr. WOLFGANG TUTSCHKE, Konstruktion von globalen Lösungen mit vorgeschriebenen Singularitäten bei partiellen komplexen Differentialgleichungssystemen 1972. 24 Seiten – 8° – M 4,50

Band 110

Heft 1 Prof. Dr. Dr. h. c. PAUL GÖRLICH, Über die Laser und ihre Anwendung
1972. 24 Seiten – 8° – M 2,30

Heft 2 Prof. Dr HASSO ESSBACH, Zum Problem der Tumoren im Kindesalter
1972. 24 Seiten – 11 Abbildungen auf 10 Kunstdrucktafeln – 8° – M 6,–

Heft 3 Prof Dr. med. WALTER BREDNOW, Zur Anthropologie des Schwindels
1973. 17 Seiten – 2 Abbildungen auf 2 Kunstdrucktafeln – 8° – M 2,50

Heft 4 Prof Dr Dr h. c. PAUL GÖRLICH, Betrachtungen über den Wissenschaftlichen Gerätebau
1972. 39 Seiten – 8° – M 3,–

Heft 5 Prof. Dr. ERICH RAMMLER, Einige Betrachtungen über Erdgas
1974 43 Seiten – 8 Abbildungen – 3 Tabellen – 8° – M 4,50

Heft 6 Prof. Dr. GUSTAV E. R. SCHULZE, Zur Rolle des Einfachheitsprinzips im physikalischen Weltbild
1974. 23 Seiten – 4 Abbildungen – 8° – M 2,50

Heft 7 Prof Dr med. ROLF EMMRICH, Zwischen Leben und Tod. Ärztliche Probleme der Thanatologie
1974 22 Seiten – 2 Abbildungen – 4 Tabellen – 8° – M 3,50

Band 111

Heft 1 Prof Dr WILHELM MAIER, Vom Erbe Bernhard Riemanns 1975. 16 Seiten – 8° – M 2,50

Heft 2 Prof Dr med. HANS DRISCHEL, Organismus und geophysikalische Umwelt
1975 50 Seiten – 25 Abbildungen – 1 Tabelle – 8° – M 7,–

Heft 3 Prof Dr MARIA HASSE, Zum Begriff des allgemeinen Produkts von Kategorien
1975. 32 Seiten – 8° – M 5,–

Heft 4 Prof Dr -Ing. Dr. h. c. KURT SCHWABE, Analytische Probleme des Umweltschutzes
1975. 28 Seiten – 9 Abbildungen – 2 Tabellen – 8° – M 3,50

Heft 5 Prof. Dr WOLFGANG BUCHHEIM, Die kopernikanische Wende und die Gravitation
1975. 36 Seiten – 2 Farbtafeln – 8° – M 5,–

Heft 6 Prof. Dr. HERMANN BERG, Photopolarographie und Photodynamic
1975. 19 Seiten – 2 Abbildungen – 2 Tabellen – 8° – M 3,–

Heft 7 Prof. Dr. MANFRED GERSCH, Probleme der Insektizide aus heutiger Sicht
1976. 36 Seiten – 9 Abbildungen – 2 Tabellen – 8° – M 4,–

Band 112

Heft 1 Prof. Dr WALTER BREDNOW, Spiegel, Doppelspiegel und Spiegelungen – eine „wunderliche Symbolik“ Goethes 1975. 28 Seiten – 4 Abbildungen – 8° – M 3,–

Heft 2 Prof. Dr. ARTUR LÖSCHE, Über negative absolute Temperaturen. Eine Einführung
1976. 26 Seiten – 12 Abbildungen – 8° – M 4,–

Heft 3 Prof. Dr. med. HERBERT JORDAN, Kurorttherapie: Prinzip und Probleme
1976. 31 Seiten – 10 Abbildungen – 1 Tabelle – 8° – M 4,50

Heft 4 Prof. Dr. FRIEDRICH WOLF / Dr. PETER FRÖHLICH, Zur Druckabhängigkeit von Ionenaustauschreaktionen 1977. 13 Seiten – 6 Abbildungen – 1 Tabelle – 8° – M 2,–

Heft 5 Prof Dr. DIETRICH UHLMANN, Möglichkeiten und Grenzen einer Regenerierung geschädigter Ökosysteme 1977. 50 Seiten – 20 Abbildungen – 2 Tabellen – 8° – M 6,50

Heft 6 Prof. Dr. ERICH RAMMLER, Zwei Jahrzehnte Entwicklung des Einsatzes der Energieträger Kohle und Erdöl im Weltmaßstab 1977. 29 Seiten – 6 Abbildungen – 4 Tabellen – 8° – M 4,–

Heft 7 Prof. Dr. ULRICH FREIMUTH, Umweltprobleme in der Ernährung 1977. 32 Seiten – 3 Abbildungen – 4 Tabellen – 8° – M 4,–

Band 113

Heft 1 Prof Dr ERICH LANGE, Allgemeingültige Veranschaulichung des II. Hauptsatzes 1978. 22 Seiten – 10 grafische Darstellungen – 8° – M 4,–

Heft 2 Prof. Dr. HERBERT BECKERT, Bemerkungen zur Theorie der Stabilität 1977. 19 Seiten – 8° – M 2,50

Heft 3 Prof. Dr. sc. KLAUS DÖRTER, Probleme und Erfahrungen bei der Entwicklung einer intensiven landwirtschaftlichen Produktion im Landschaftsschutzgebiet des Harzes 1978. 20 Seiten – 6 Abbildungen – 2 Tabellen – 8° – M 7,–

Heft 4 Prof. Dr. sc. med. HANS DRISCHEL, Elektromagnetische Felder und Lebewesen 1978. 31 Seiten – 14 Abbildungen – 2 Tabellen – 8° – M 5,–

Heft 5 Prof. Dr. phil. MANFRED GERSCH, Wachstum und Wachstumsregulatoren der Krebse *(in Vorbereitung)*

Heft 6 Prof. Dr. rer. nat. FRIEDRICH WOLF / Dr rer. nat. URSULA KOCH, Über den Einfluß der chemischen Struktur von Dispersionsfarbstoffen auf deren Dispersionsstabilität *(Vorliegendes Heft)*

Einzel- oder Fortsetzungsbestellungen durch eine Buchhandlung erbeten
Sitzungsberichte bis Band 106
durch das Zentralantiquariat der Deutschen Demokratischen Republik, Leipzig,
ab Band 107 durch den Akademie-Verlag, Berlin, zum Teil noch lieferbar

THEORIA CUM PRAXI

AKADEMIE-VERLAG

DDR-108 Berlin, Leipziger Str. 3–4

FSC
www.fsc.org
MIX
Papier | Fördert
gute Waldnutzung
FSC® C083411

Kolibri 360 GmbH
Ferdinand-Jühlke-Straße 7
99095 Erfurt, Deutschland
produktsicherheit@kolibri360.de